런런 옥스퍼드 수학

KB130618

1권

수와 그래프

안녕!
나는 로만이야.

안녕! 나는 글로버스.

차 례

6의 배수

1 벌레의 등에 6의 배수를 쓰세요.

기억하자!
딱정벌레와 같은 곤충은 6개의 다리를 가지고 있어요.
이렇게 세면 딱정벌레의 다리 수도 쉽게 알 수 있어요.

1

6의 배수는 매번
6을 더하면 돼.

2 빈칸에 알맞은 스티커를 찾아 붙이세요.

모든 스티커가
필요한 것은 아니야.

체크! 체크!
6의 배수는 모두 짝수예요.
친구의 답도 모두 짝수인가요?

칭찬 스티커를
붙이세요.

7의 배수

1 빈칸에 7의 배수를 쓰세요.

기억하자!
일주일에는 7일이 있어요.
매번 7을 더해 보세요.

1

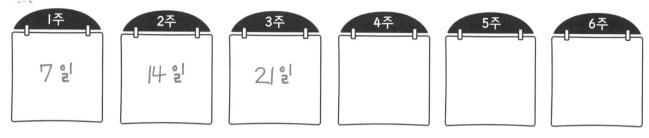

1주	2주	3주	4주	5주	6주
7 일	14 일	21 일			

2

4주	5주	6주	7주	8주	9주
28 일					

2 세 가족이 다음과 같이 휴가를 보내요. 각 가족이 휴가를 보내는 날이 며칠인지 뛰어 세기하여 알아보세요.

4주   7주   9주

☐ 일   ☐ 일   ☐ 일

잘했어!

뛰어 세기는 배수 계산과 같아.
7씩 뛰어 세면 7, 14, 21, 28…로
7의 배수와 같지.

칭찬 스티커를
붙이세요.

9의 배수

1 빈칸에 9의 배수 스티커를 붙이세요.

기억하자!
구각형은 변이 9개 있어요.

1

9   18

2

54

잘하고 있어!
9씩 뛰어 세는 거야.

2 수를 작은 것부터 차례로 빈칸에 쓰세요.

1

27   9   36   18   45

2

72   63   90   54   81

칭찬 스티커를
붙이세요.

체크! 체크!
9의 배수는 각 자리의 수를 더하면 그 수도 9의 배수예요.

25의 배수

기억하자!
매번 25를 더하세요.

1 생쥐의 몸에 25의 배수를 쓰세요.

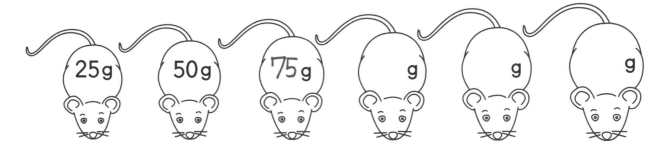

25g 50g 75g ___g ___g ___g

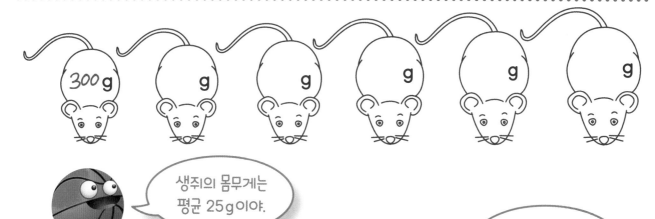

300g ___g ___g ___g ___g ___g

생쥐의 몸무게는 평균 25g이야.

생쥐가 치즈를 먹을 수 있게 도와줘.

2 생쥐가 치즈를 먹을 수 있도록 알맞은 칸에 색칠하세요.
400에서 시작하여 25씩 뛰어 세면 생쥐가 치즈를 먹을 수 있어요. 왼쪽 또는 오른쪽, 위 또는 아래로 이동할 수 있지만 대각선으로 이동할 수는 없어요.

415	400	420	450	475
475	425	450	475	500
515	495	475	500	550
500	505	525	525	575
650	600	575	550	600
675	625	605	650	675
700	650	675	700	725
725	700	705	675	750

체크! 체크!
모든 답이 00, 25, 50 또는 75로 끝나나요?

칭찬 스티커를 붙이세요.

1000의 배수

1 빈칸에 1000의 배수 스티커를 붙이세요.

기억하자!
수가 1000씩 커지고 있어요.
1000씩 더해 보세요.

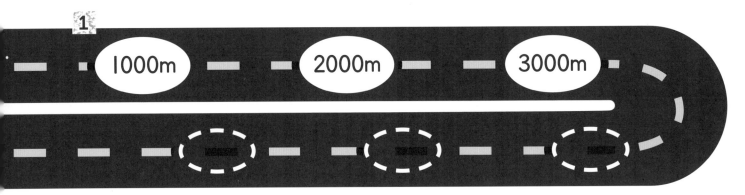

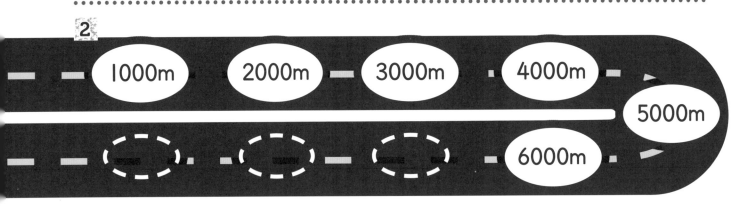

2 1000의 배수가 아닌 수에 모두 ○표 하세요.

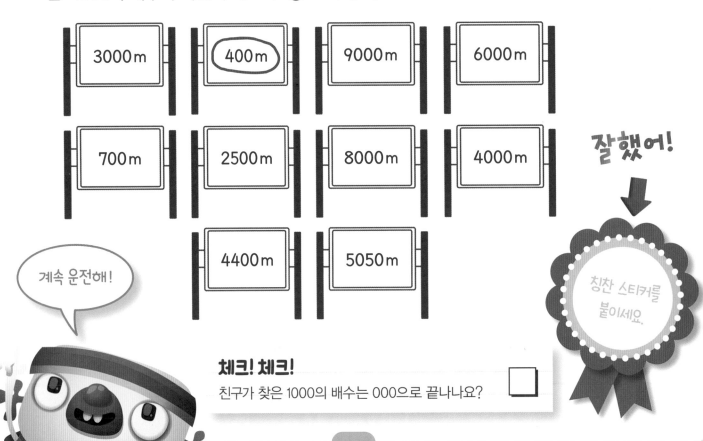

3000m   (400m)   9000m   6000m

700m   2500m   8000m   4000m

4400m   5050m

계속 운전해!

잘했어!

칭찬 스티커를 붙이세요.

체크! 체크!
친구가 찾은 1000의 배수는 000으로 끝나나요?

6, 7, 9, 25, 1000의 배수

기억하자!
개구리는 6cm, 7cm 또는 9cm씩
뛰고 있어요. 각각 알맞게
6, 7 또는 9를 더하세요.

1 개구리가 통나무에 도착할 수 있도록 연잎에
알맞은 수를 쓰세요.

1

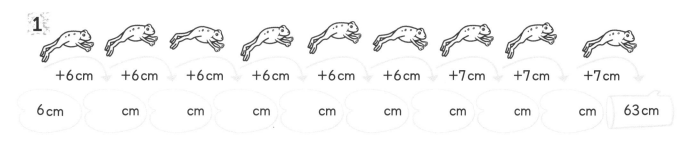

+6cm	+6cm	+6cm	+6cm	+6cm	+6cm	+7cm	+7cm	+7cm
6cm	cm	cm	cm	cm	cm	cm	cm	cm	63cm

2

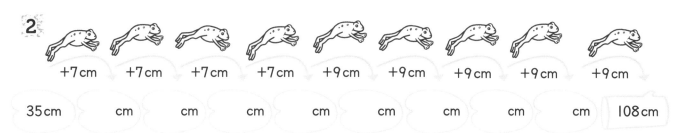

+7cm	+7cm	+7cm	+7cm	+9cm	+9cm	+9cm	+9cm	+9cm
35cm	cm	cm	cm	cm	cm	cm	cm	cm	108cm

2 새가 둥지에 도착할 수 있도록 나무에 알맞은 수를 쓰세요.

1

+25m	+25m	+25m	+25m	+25m	+25m	+25m	+25m
25m	m	m	m	m	m	m	m	m

2

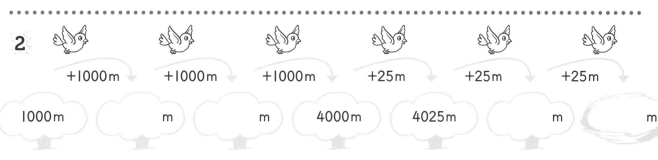

+1000m	+1000m	+1000m	+25m	+25m	+25m
1000m	m	m	4000m	4025m	m	m

새는 25m 또는 1000m씩
날고 있으니까 매번 25
또는 1000을 더해.

칭찬 스티커를
붙이세요.

체크! 체크!

'+1000'에 대한 모든 답이 000으로 끝나나요?
또 '+25'에 대한 모든 답이 00, 25, 50 또는 75로 끝나나요?   □

문제를 다 푼 다음, 32쪽으로!

1000만큼 더 큰 수, 더 작은 수

기억하자!
세로줄에서 위로 한 칸 가면 1000만큼 더 작아지고 아래로 한 칸 가면 1000만큼 더 커져요.

1 빈칸에 알맞은 수를 쓰세요.

0	100	200	300	400	500	600	700	800	900
1000	1100	1200	1300		1500	1600	1700		1900
2000	2100	2200		2400	2500	2600		2800	2900
3000	3100	3200	3300	3400	3500		3700	3800	
4000	4100		4300		4500	4600	4700	4800	4900
5000	5100	5200	5300	5400	5500		5700	5800	
6000	6100	6200		6400	6500	6600	6700	6800	6900
7000	7100	7200	7300	7400		7600	7700		7900
8000	8100		8300	8400	8500	8600		8800	8900
9000	9100	9200	9300	9400		9600	9700	9800	9900

3700보다 1000만큼 더 작은 수는 **2700**   4600보다 1000만큼 더 큰 수는 〔　　〕

6100보다 1000만큼 더 큰 수는 〔　　〕   7500은 〔　　〕보다 1000만큼 더 작아요.

8900보다 1000만큼 더 작은 수는 〔　　〕   9300은 〔　　〕보다 1000만큼 더 커요.

2 빈 곳에 알맞은 수를 쓰세요.

1 249, 1249, 2249, 3249, _____, 5249, _____, 7249, _____

2 1734, _____, _____, 4734, 5734, _____, 7734, 8734, _____

3 8215, 7215, _____, _____, 4215, _____, 2215, 1215

4 9703, 8703, _____, 6703, _____, 4703, 3703, _____, 1703, _____

1000을 더하거나 빼면 천의 자리 수만 변해.

큰 정육면체에는
작은 정육면체가 1000개 있어.
1000을 나타낼 때 사용해.

3 수 모형을 보고 빈칸에 알맞은 수를 쓰세요.

1

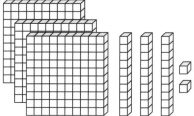

1000만큼 더 큰 수 →

2

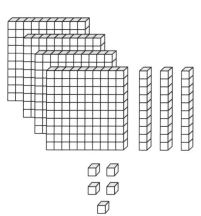 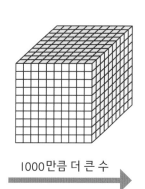

1000만큼 더 큰 수 →

4 10, 100 또는 1000을 사용하는 규칙을 찾아 빈칸에 알맞은 수를 쓰세요.

			6793	6693		6493
8783	7783					
9783						
			6763			3493

체크! 체크!

어떤 수에 1000을 더하면 천의 자리 수가 1 커져요.
어떤 수에서 1000을 빼면 천의 자리 수가 1 작아져요. ☐

칭찬 스티커를
붙이세요.

문제를 다 푼 다음, 32쪽으로!

음수

기억하자!
음수는 수직선에서 0 왼쪽에 있어요. 음수는 0에
가까울수록 더 큰 수예요.

바닷속은
'해수면'(0m)에서
더 내려가니까
음수로 표현돼.

1 빈칸에 알맞은 수를 쓰세요.

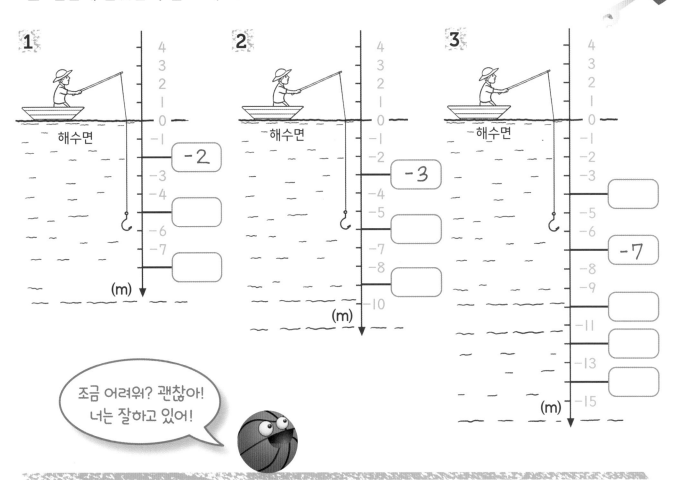

조금 어려워? 괜찮아!
너는 잘하고 있어!

2 각 잠수함은 2m, 3m 또는 5m의 깊이로 내려가요. 이 규칙을 이용하여 빈칸에 알맞은
수를 쓰세요.

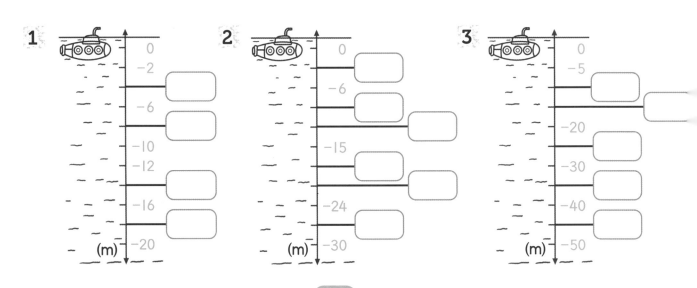

3 규칙을 찾아 빈 곳에 알맞은 수를 쓰세요.

1 3, 2, 1, 0, −1, ____, ____, ____

2 1, 0, −1, −2, −3, −4, −5, ____, ____, ____

3 −10, −11, −12, ____, ____, ____

4 −27, −28, −29, ____, ____, ____

5 6, 4, 2, 0, ____, ____, ____

6 7, 5, 3, 1, ____, ____, ____

7 12, 8, 4, 0, ____, ____, ____

8 9, 6, 3, 0, ____, ____, ____

4 온도계의 온도는 매 분마다 3℃씩 떨어져요. 각 시간이 흐른 후에 온도는 어떻게 될까요?

1 4분 후   −10   0   10   ____ ℃

2 9분 후   −18   0   8   ____ ℃

3 6분 후   −10   0   10   ____ ℃

5 다음 물음에 답하세요.

1 해리는 4에서 시작해 2씩 거꾸로 뛰어 세어 −8까지 세었어요.
해리가 다섯 번째로 센 수는 무엇일까요?

2 아이샤는 12에서 시작해 4씩 거꾸로 뛰어 세어 −20까지 세었어요.
아이샤가 일곱 번째로 센 수는 무엇일까요?

3 로건은 10에서 시작해 5씩 거꾸로 뛰어 세어 −40까지 세었어요.
로건이 여덟 번째로 센 수는 무엇일까요?

4 그레이스는 24에서 시작해
8씩 거꾸로 뛰어 세어 −48까지 세었어요.
그레이스가 아홉 번째로 센 수는 무엇일까요?

잘했어!

칭찬 스티커를 붙이세요.

체크! 체크!
음수는 수 앞에 음수 부호(−)를 써야 한다는 것을
잊지 마세요.

문제를 다 푼 다음, 32쪽으로!

자릿값

1 수 모형의 수를 세어 표의 빈칸에 알맞은 수를
쓰고 모두 몇인지 쓰세요.

기억하자!
수는 각 자리에 따라 자릿값을 가져요.
5703 = 5000 + 700 + 0 + 3으로
표현할 수 있어요.

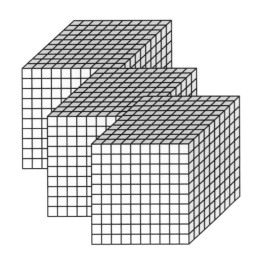

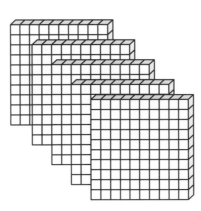

수 모형 하나는 왼쪽부터
차례로 천 개, 백 개,
열 개, 한 개를 나타내.

천	백	십	일

수 모형의 수는 모두

_____

---

2 수를 다음과 같이 나타낼 때 빈 곳에 알맞은 수를 쓰세요.

1 4235 = __4__ 천 + __2__ 백 + __3__ 십 + __5__

2 276I = _____ 천 + _____ 백 + _____ 십 + _____

3 7904 = _____ 천 + _____ 백 + _____ 십 + _____

4 9276 = _____ 천 + _____ 백 + _____ 십 + _____

5 4008 = _____ 천 + _____ 백 + _____ 십 + _____

자릿값을 쓰기 전에
수를 큰 소리로 읽어 봐.

3 비밀의 수를 찾아 빈 곳에 쓰세요.

1

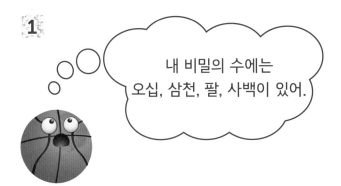

내 비밀의 수에는
오십, 삼천, 팔, 사백이 있어.

비밀의 수는 _____

2

내 비밀의 수에는
오, 팔천, 사백이 있어.

비밀의 수는 _____

3

내 비밀의 수에는
이십, 구, 삼천이 있어.

비밀의 수는 _____

4

내 비밀의 수에는
육, 육천이 있어.

비밀의 수는 _____

---

4 빈 곳에 알맞은 수를 쓰세요.

1 7 _2_ 8 _3_ = _7000_ + 200 + _80_ + 3

2 5 __ 3 __ = _____ + 400 + _____ + 9

3 _____ 16 = 1000 + 800 + _____ + _____

4 4 __ 4 __ = _____ + 400 + _____ + 4

5 12 _____ = _____ + _____ + 6

6 3 _____ 7 = _____ + 7

체크! 체크!

수를 자리에 맞추어 올바른 순서로 썼는지 확인하세요.
네 자리 수는 맨 왼쪽이 천의 자리, 그다음이 차례로
백의 자리, 십의 자리, 일의 자리예요. ☐

칭찬 스티커를
붙이세요.

문제를 다 푼 다음, 32쪽으로!

어림하기

기억하자!
자의 눈금에서 가장 긴 세로선이 cm를 나타내요. 선과 가장 가까운 cm 눈금을 읽으면 돼요.

1 선의 길이를 가장 가까운 cm로 어림하여 나타내세요.

1
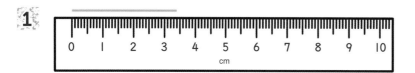
☐ cm

2
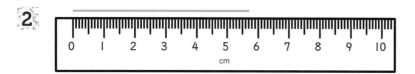
 cm

3
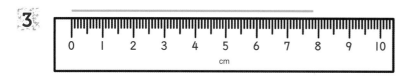
 cm

4

 cm

다양한 측정 도구를 읽을 줄 아는 것이 중요해.

2 각 상자의 무게를 가장 가까운 kg으로 어림하세요.

1
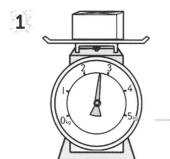
_____ kg

2

_____ kg

3
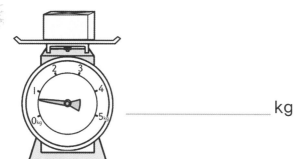
_____ kg

4
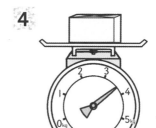
_____ kg

3 각 물의 양을 가장 가까운 mL로 어림하세요.

1

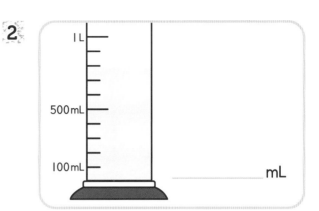

_____ mL

2

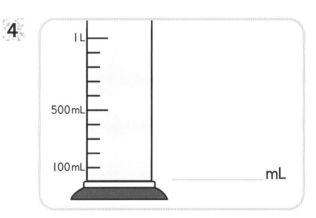

_____ mL

3

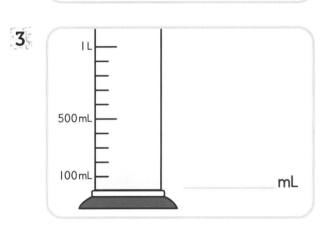

_____ mL

4

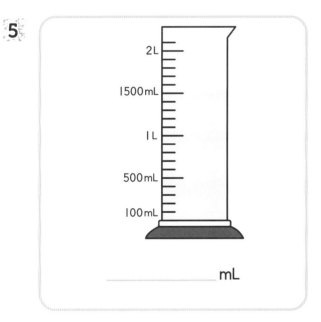

_____ mL

5

_____ mL

6

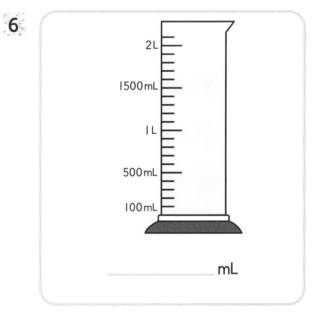

_____ mL

체크! 체크!
물이 눈금과 눈금의 가운데쯤에 있을 때에는
어느 쪽 눈금과 더 가까운지 확인하세요. ☐

칭찬 스티커를
붙이세요.

문제를 다 푼 다음, 32쪽으로!

수의 크기 비교

1 두 수의 크기를 비교하여 <, > 스티커를 알맞게 붙이세요.

1

2354 > 2345   5613 ◯ 5631   7212 ◯ 7721

2

9015 ◯ 9014   1936 ◯ 1939   8307 ◯ 8305

2 빈 곳에 < 또는 >를 알맞게 쓰세요.

1 6238 _____ 6247   **2** 4372 _____ 4327   **3** 8034 _____ 8043

4 5895 _____ 5883   **5** 9307 _____ 9370   **6** 2353 _____ 2799

7 1677 _____ 1588   **8** 8461 _____ 8416   **9** 4809 _____ 4881

맨 왼쪽의 수부터 크기를 비교해.
맨 왼쪽의 수가 같으면 그다음 수를
비교해서 어느 쪽이 더 큰지
알아보면 돼.

칭찬 스티커를
붙이세요.

16

문제를 다 푼 다음, 32쪽으로!

수의 순서

기억하자!
'오름차순'은 작은 수부터 큰 수의 차례로,
'내림차순'은 큰 수부터 작은 수의 차례로
나열하는 것을 말해요.

1 다음 수를 내림차순으로 나열해 보세요.

| 1 | 3876 | 3767 | 3865 | 3598 | 3776 | | | | | |

| 2 | 7405 | 7504 | 7450 | 7355 | 7502 | | | | | |

2 다음 수를 오름차순으로 나열해 보세요.

| 1 | 5347 | 5473 | 5534 | 5374 | 5437 |

수가 점점 커져!

| 2 | 9608 | 9589 | 9698 | 9499 | 9595 |

3 다섯 명의 아이들이 퀴즈 대회에 참여해 점수를 받았어요. 1등부터 5등까지 순서대로
점수를 써 보세요.

4873점 — 이스마트
4783점 — 리아
4837점 — 토비
4378점 — 찰리
4697점 — 라일리아

1등	2등	3등	4등	5등

잘했어!

칭찬 스티커를
붙이세요.

체크! 체크!
> 또는 <의 뾰족한 부분이 더 작은 쪽을 가리키는지 확인하세요.

문제를 다 푼 다음, 32쪽으로!

반올림

기억하자!

두 10의 배수들 사이의 '중간 수'를 찾으세요. 주어진 수가 중간 수보다 작으면 버리고 중간 수보다 크거나 같으면 올리세요.

1 주어진 수의 양쪽에 가장 가까운 10의 배수를 쓰세요. 그리고 반올림하여 십의 자리까지 나타낸 수와 같은 것에 ○표 하세요.

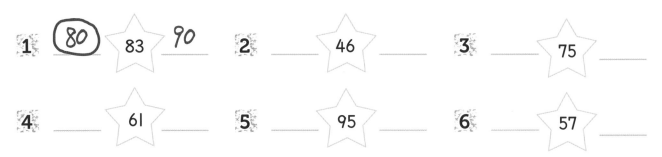

| 1 | (80) | 83 | 90 | 2 | ____ | 46 | ____ | 3 | ____ | 75 | ____ |

| 4 | ____ | 61 | ____ | 5 | ____ | 95 | ____ | 6 | ____ | 57 | ____ |

2 주어진 수의 양쪽에 가장 가까운 100의 배수를 쓰세요. 그리고 반올림하여 백의 자리까지 나타낸 수와 같은 것에 ○표 하세요.

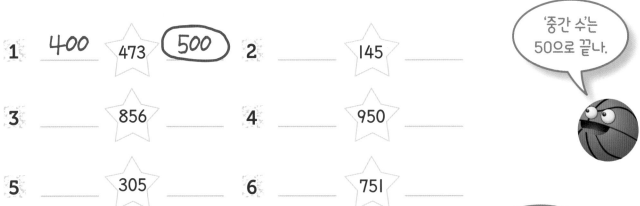

| 1 | 400 | 473 | (500) | 2 | ____ | 145 | ____ |

| 3 | ____ | 856 | ____ | 4 | ____ | 950 | ____ |

| 5 | ____ | 305 | ____ | 6 | ____ | 751 | ____ |

'중간 수'는 50으로 끝나.

'중간 수'는 500으로 끝나.

3 주어진 수의 양쪽에 가장 가까운 1000의 배수를 쓰세요. 그리고 반올림하여 천의 자리까지 나타낸 수와 같은 것에 ○표 하세요.

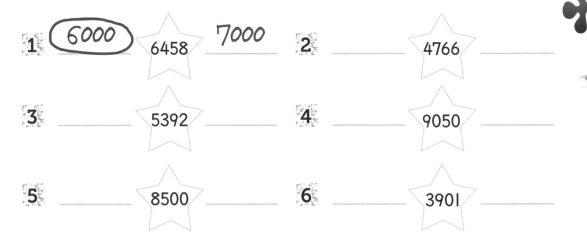

| 1 | (6000) | 6458 | 7000 | 2 | ____ | 4766 | ____ |

| 3 | ____ | 5392 | ____ | 4 | ____ | 9050 | ____ |

| 5 | ____ | 8500 | ____ | 6 | ____ | 3901 | ____ |

4 표의 빈칸에 알맞은 수를 쓰세요.

	반올림하여 십의 자리까지 나타내기	반올림하여 백의 자리까지 나타내기	반올림하여 천의 자리까지 나타내기
1 6233			
2 8589			
3 2255			
4 4049			

5 산의 높이를 반올림하여 십의 자리까지 나타낸 다음 오름차순으로 나열해 보세요.

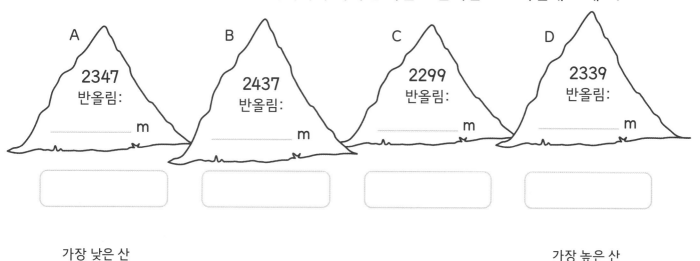

A
2347
반올림:
_____ m

B
2437
반올림:
_____ m

C
2299
반올림:
_____ m

D
2339
반올림:
_____ m

가장 낮은 산   가장 높은 산

6 다음 문제를 풀어 보세요.

1 어떤 수를 반올림하여 백의 자리까지 나타냈더니 3300이었어요.
어떤 수 중 가장 작은 수는 무엇인가요?

2 어떤 수를 반올림하여 천의 자리까지 나타냈더니 8000이었어요.
어떤 수 중 가장 큰 수는 무엇인가요?

칭찬 스티커를 붙이세요.

3 어떤 수를 반올림하여 십의 자리까지 나타내면 650, 백의 자리까지 나타내면 600이에요. 어떤 수가 될 수 있는 수를 모두 쓰세요.

문제를 다 푼 다음, 32쪽으로!

문제 해결

곱셈을 이용하여 빈칸을 채울 수 있어. 예를 들어 7장씩 3묶음은 7×3=21장이야.

1 스티커를 6장, 7장, 9장, 25장씩 묶음으로 팔고 있어요. 빈칸에 알맞은 수를 쓰세요.

		2묶음	3묶음	4묶음	5묶음	8묶음	10묶음
1	6장씩	12		24		48	
2	7장씩		21		35		70
3	9장씩	18			45	72	
4	25장씩		75	100			250

2 다음 문제를 풀어 보세요.

기억하자!
음수는 양수와 동일한 패턴을 보여요.
예) 16에서 거꾸로 4씩 뛰어 세면 16, 12, 8, 4, 0, -4, -8, -12, -16으로 부호만 다르고 숫자는 같아요.

1 그레이스는 8에서 시작하여 거꾸로 4씩 뛰어 세어 -28까지 셌어요.
그레이스가 센 수에 모두 ◯표 하세요.

8	4	0	-2	-6	-8	-12	-14	-18	-20	-24	-28

2 톰은 15에서 시작하여 거꾸로 5씩 뛰어 세어 -30까지 셌어요.
톰이 센 수에 모두 ◯표 하세요.

15	10	5	0	-5	-9	-14	-15	-19	-20	-24	-30

3 베키는 18에서 시작하여 거꾸로 6씩 뛰어 세어 -36까지 셌어요.
베키가 센 수에 모두 ◯표 하세요.

18	12	5	0	-6	-12	-16	-22	-24	-28	-30	-36

4 로건은 24에서 시작하여 거꾸로 8씩 뛰어 세어 -56까지 셌어요.
로건이 센 수에 모두 ◯표 하세요.

24	18	8	-2	-8	-16	-20	-24	-30	-40	-46	-56

3 달리기 선수들이 달린 거리예요. 물음에 답하세요.

1

점수 판
선수

1524	1455	1254	1429	1522
A	B	C	D	E

내림차순으로 알파벳을 쓰세요.

A , E , B , ____ , ____

2

점수 판
선수

2478	2749	2794	2697	2487
A	B	C	D	E

오름차순으로 알파벳을 쓰세요.

____ , ____ , ____ , ____ , ____

3

점수 판
선수

4273	4323	4237	4332	4277
A	B	C	D	E

내림차순으로 알파벳을 쓰세요.

____ , ____ , ____ , ____ , ____

4 다음에 해당하는 수의 범위를 쓰세요.

1 반올림하여 백의 자리까지 나타내면 500이 되는 수

450 부터 549

2 반올림하여 십의 자리까지 나타내면 70이 되는 수

____ 부터 74

3 반올림하여 천의 자리까지 나타내면 4000이 되는 수

3500부터 ____

4 반올림하여 십의 자리까지 나타내면 270이 되는 수

____ 부터 ____

체크! 체크!

수의 범위를 잘 찾았나요? 찾은 수 중 앞의 수는 0 또는 5로 끝나고 뒤의 수는 4 또는 9로 끝나요. ☐

칭찬 스티커를 붙이세요.

문제를 다 푼 다음, 32쪽으로!

로마 숫자

기억하자!
로마 숫자는 1, 5, 10, 50, 100, 500, 1000을 나타내는 기호 7개를 다양하게 조합해서 여러 가지 수를 나타내요.

1 아라비아 숫자와 로마 숫자가 섞여 있어요.

같은 수를 나타내는 아라비아 숫자와 로마 숫자를 선으로 이어 보세요.

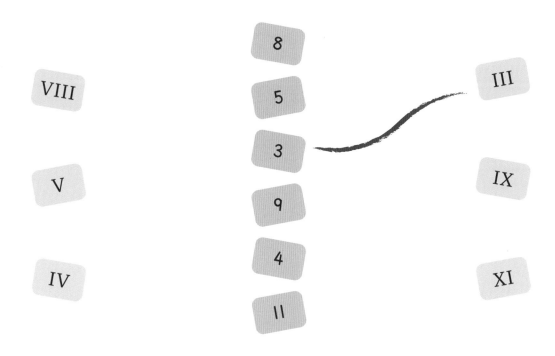

2 빈칸에 알맞은 로마 숫자를 쓰세요.

11	12	13	14	15	16	17	18	19	20
XI	XII	XIII	XIV		XVI		XVIII	XIX	XX

31	32	33	34	35	36	37	38	39	40
XXXI		XXXIII		XXXV	XXXVI	XXXVII		XXXIX	

41	42	43	44	45	46	47	48	49	50
	XLII	XLIII		XLV		XLVII	XLVIII		L

71	72	73	74	75	76	77	78	79	80
LXXI	LXXII		LXXIV	LXXV		LXXVII		LXXIX	

용사들이여, 전진하라!

3 0에서 9까지의 수를 사용하여 답을 써 보세요.

1 III + II = __5__

2 V + V = _____

3 IV + VI = _____

4 VII + VI = _____

5 IX + VIII = _____

6 XI + XIII = _____

7 XIII + V = _____

8 VII + VIII = _____

9 VI + XIV = _____

10 XVII − VIII = _____

11 XVI − V = _____

12 XVIII − XIV = _____

13 XIX − VII = _____

14 XVIII − IX = _____

15 XVI − IX = _____

4 >, < 또는 =를 사용하여 두 수의 크기를 비교하세요.

1 VIII ☐ 7

2 XIX ☐ 19

3 XXVII ☐ 28

4 XXXIII ☐ 32

5 LXXIV ☐ 75

6 XCVI ☐ 96

5 다음 수를 오름차순으로 나열하세요.

1 XII, XXXV, I, V, XXI

_____ < _____ < _____ < _____ < _____

2 XIX, XI, XXXII, IV, XXIX

_____ < _____ < _____ < _____ < _____

3 XXIV, XX, IX, XXXVI, III

_____ < _____ < _____ < _____ < _____

잘했어!

칭찬 스티커를 붙이세요.

체크! 체크!
I는 1, V는 5, X는 10, L은 50, C는 100을 나타내요. ☐

문제를 다 푼 다음, 32쪽으로!

자료의 정리

1 이산 자료를 나타내는 그래프에는
'이산'을 쓰고 연속 자료를 나타내는
그래프에는 '연속'을 쓰세요.

> **기억하자!**
> 이산 자료는 한 반의 어린이 수, 선반에 있는 접시의 수와 같이 별개로 떨어져 있는 자료를 말해요.
> 연속 자료는 길이(예: 15.61m), 시간(예: 12.3초), 온도(예: 17.9℃)와 같이 소수로도 표현이 가능하고 측정할 수 있는 자료를 말해요.

1
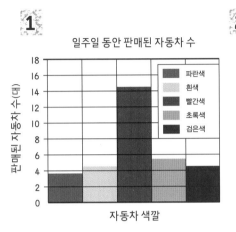

2
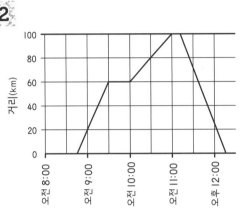

3

🌳 = 10그루

나무	나무 그루 수
사과나무	🌳🌳🌳
복숭아 나무	🌳🌳🌳🌳
구아버 나무	🌳🌳🌳🌳🌳
배나무	🌳🌳

4

9일 동안의 강우량

(세로축: 강우량(mm), 가로축: 일자)
1 → 5, 2 → 2, 3 → 12, 4 → 7, 5 → 8, 6 → 4, 7 → 3, 8 → 2, 9 → 6

> 측정되는 대부분의 자료는 연속 자료야. 예를 들어 무게, 높이, 거리 같은 거.

2 다음 자료가 이산인지, 연속인지 알맞은 것에 ✔표 하세요.

자료	이산	연속
사브리나는 수영장 레인을 30번 왕복하는 데 걸리는 시간을 기록해요.		
샘은 '가장 좋아하는 반려동물은 무엇인가요?'라는 설문 조사를 해서 자료를 기록해요.		
톰은 하루 중 시간별로 버스를 기다리는 사람들의 수를 기록해요.		
선생님이 학생들의 키 자료를 수집하여 기록해요.		

3 스티커를 사용하여 그래프의 축에 알맞은 항목을 지정한 다음 예시처럼 막대그래프나 꺾은선그래프를 그려 보세요.
또 이산 자료인지 연속 자료인지 써 보세요.

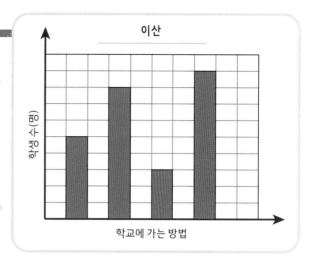

예시 그래프예요.

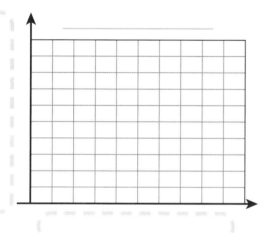

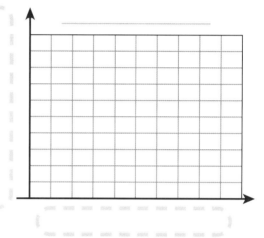

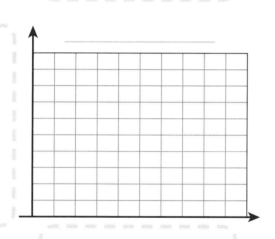

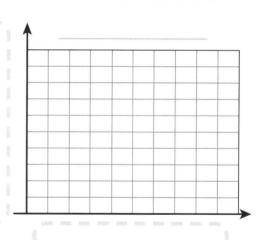

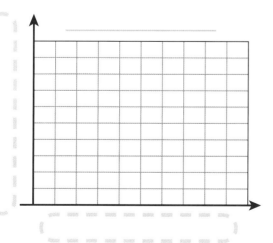

체크! 체크!

일반적으로 연속 자료는 꺾은선그래프로 나타내고 이산 자료는 막대그래프나 그림그래프로 나타내요.

칭찬 스티커를 붙이세요.

문제를 다 푼 다음, 32쪽으로!

그림그래프

1 어느 카페의 요일별 스무디 판매량을
나타낸 그림그래프예요.
물음에 답하세요.

기억하자!
스무디 한 잔으로 표시한 그림이 얼마를
나타내는지 알아보세요.

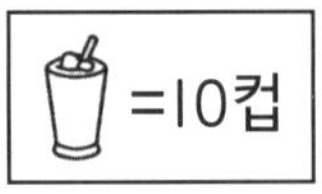

🥤 =10컵

월요일	🥤 🥤 🥤
화요일	🥤 🥤
수요일	🥤 🥤 🥤 🥤
목요일	🥤 🥤 🥤
금요일	🥤 🥤 🥤 🥤 🥤
토요일	🥤 🥤 🥤

1 어느 요일에 스무디가 가장 많이 팔렸나요? _____

2 어느 요일에 스무디가 가장 적게 팔렸나요? _____

3 수요일과 금요일에는 스무디가 얼마나 팔렸나요?

수요일 _____   금요일 _____

4 금요일에는 화요일보다 스무디가 얼마나 더 많이 팔렸나요? _____

5 토요일에는 화요일보다 스무디가 얼마나 더 많이 팔렸나요? _____

6 목요일에는 수요일보다 스무디가 얼마나 더 적게 팔렸나요? _____

7 화요일에는 수요일보다 스무디가 얼마나 더 적게 팔렸나요? _____

8 월요일부터 토요일까지 스무디가 얼마나 팔렸나요? _____

9 어느 요일에 카페의 대기 줄이 가장 짧았을 것 같나요? _____

2 다음의 자료를 이용하여 요일별 스무디 판매량을 나타내는 그림그래프를 완성하세요.

월요일 (45), 화요일 (40), 수요일 (60), 목요일 (65), 금요일 (90), 토요일 (75)

월요일		
화요일		
수요일		
목요일		
금요일		
토요일		

스무디, 수학. 음, 내가 가장 좋아하는 것들!

=10컵

1 어느 요일에 스무디가 가장 많이 팔렸나요? _____

2 어느 요일에 스무디가 가장 적게 팔렸나요? _____

3 토요일에는 화요일보다 스무디가 얼마나 더 많이 팔렸나요? _____

4 금요일에는 월요일보다 스무디가 얼마나 더 많이 팔렸나요? _____

5 수요일에는 목요일보다 스무디가 얼마나 더 적게 팔렸나요? _____

6 화요일에는 금요일보다 스무디가 얼마나 더 적게 팔렸나요? _____

7 월요일부터 토요일까지 스무디가 얼마나 팔렸나요? _____

8 어느 요일에 카페의 대기 줄이 가장 길었을 것 같나요?

_____

체크! 체크!

기호(스무디 한 컵)의 개수에 기호가 나타내는 값(10컵)을
곱하면 얼마나 팔렸는지 알 수 있어요.

칭찬 스티커를
붙이세요.

문제를 다 푼 다음, 32쪽으로!

막대그래프

1 학생들은 반에서 가장 인기 있는 스포츠가 무엇인지 알고 싶어요.

기억하자!
각 막대의 높이가 투표수를 알려 줘요.

투표 결과를 막대그래프로 나타내었어요.

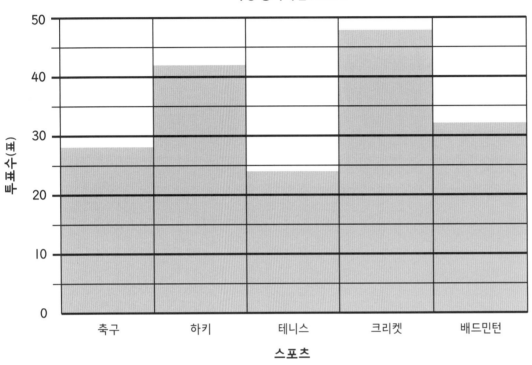

가장 좋아하는 스포츠

위의 막대그래프를 보고 물음에 답하세요.

1 배드민턴은 몇 표를 받았나요? _____

2 어떤 스포츠가 24표를 받았나요? _____

3 자신이 좋아하는 스포츠로 축구를 선택한 학생은 몇 명인가요? _____

4 어떤 스포츠가 가장 인기가 있었나요? _____

5 어떤 스포츠가 가장 인기가 없었나요? _____

6 크리켓에 투표한 학생은 배드민턴에 투표한 학생보다 몇 명 더 많나요? _____

7 테니스에 투표한 학생은 하키에 투표한 학생보다 몇 명 더 적나요? _____

8 총 몇 명의 학생이 투표했나요? _____

2 또 다른 반에서도 가장 좋아하는 스포츠를 조사했어요.
수집된 자료를 사용하여 막대그래프를 완성하고 다음 물음에
답하세요.

그래프를 완성하고 트로피를 가져가!

축구 (38), 하키 (48), 테니스 (42), 크리켓 (40), 배드민턴 (32)

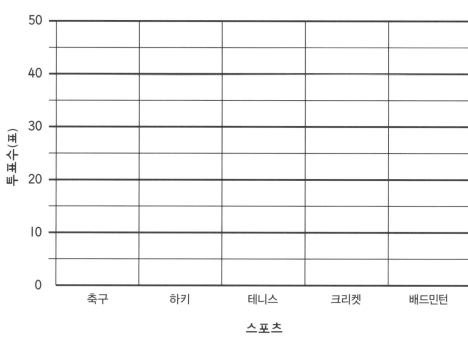

1 어떤 스포츠가 가장 인기가 있었나요? _____

2 어떤 스포츠가 가장 인기가 없었나요? _____

3 하키에 투표한 학생은 배드민턴에 투표한 학생보다 몇 명 더 많나요? _____

4 테니스에 투표한 학생은 축구에 투표한 학생보다 몇 명 더 많나요? _____

5 크리켓에 투표한 학생은 하키에 투표한 학생보다 몇 명 더 적나요? _____

6 배드민턴에 투표한 학생은 크리켓에 투표한 학생보다 몇 명 더 적나요? _____

7 총 몇 명의 학생이 투표했나요? _____

체크! 체크!

각 막대의 높이를 정확하게 그려야 해요. 세로축의 값을
찾아 거기에 자를 수평으로 대고 막대의 위쪽을 그려요. ☐

칭찬 스티커를
붙이세요.

문제를 다 푼 다음, 32쪽으로!

꺾은선그래프

1 빌리는 산책을 하며 30분마다 집과의 거리를 기록했어요.

기억하자!
각 점에서 왼쪽으로 수평으로 이동해 세로축과 만나는 곳의 눈금을 읽으면 이동한 거리를 알 수 있어요.

시간(분)	0	30	60	90	120	150	180	210
거리(km)	0	3	6	8	10	11	12	14

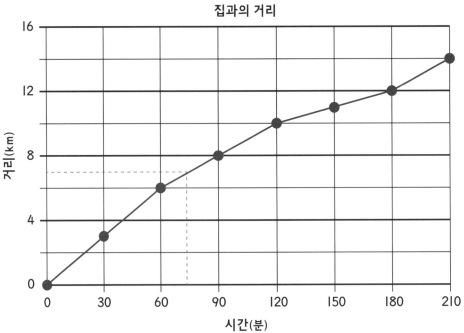

집과의 거리

위의 꺾은선그래프를 보고 다음 물음에 답하세요.

1 빌리는 다음 각 시간 동안 얼마나 멀리 걸었나요?

❶ 1시간 30분 _____ km   ❷ 2시간 30분 _____ km

❸ 3시간 _____ km

2 빌리는 다음 각 시간 동안 얼마나 멀리 걸었나요?

❶ 45분 _____ km

❷ 105분 _____ km

❸ 195분 _____ km

3 빌리가 다음 각 거리를 걷는 데 약 몇 분이 걸렸나요?

❶ 2km _____ 분

❷ 4km _____ 분

❸ 11km _____ 분

2 루시도 마찬가지로 산책을 하며 집과의 거리를 기록했어요.

결승선에 거의 다 왔어!

시간(분)	0	30	60	90	120	150	180	210
거리(km)	0	4	7	9	10	14	15	16

위 표를 꺾은선그래프로 나타내고 물음에 답하세요.

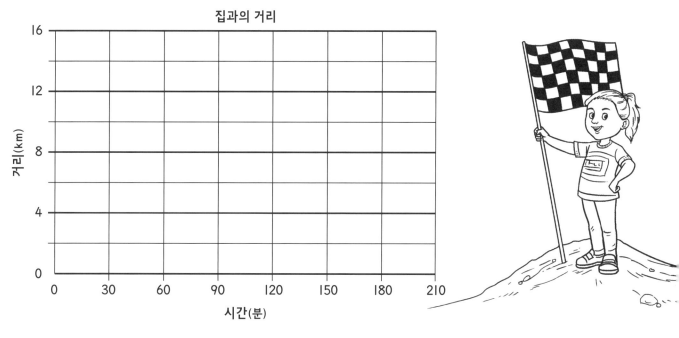

1 루시는 다음 각 시간 동안 얼마나 멀리 걸었나요? 답이 소수이면
가장 가까운 0.5km로 나타내세요.

❶ 45분 _____ km

❷ 105분 _____ km

❸ 195분 _____ km

❹ 15분 _____ km

❺ 75분 _____ km

❻ 165분 _____ km

2 루시가 다음 각 거리를 걷는 데 약 몇 분이 걸렸나요?

❶ 5km _____ 분

❷ 8km _____ 분

❸ 12km _____ 분

체크! 체크!

각 점을 정확하게 그려야 해요.
연필과 자를 사용하여 정확하게 그려 보세요. □

칭찬 스티커를
붙이세요.

문제를 다 푼 다음, 32쪽으로!

나의 실력 점검표

얼굴에 색칠하세요.

☺ 잘할 수 있어요.
😐 할 수 있지만 연습이 더 필요해요.
☹ 아직은 어려워요.

쪽	나의 실력은?	스스로 점검해요!		
2~7	6, 7, 9, 25, 1000의 배수를 알아요.	☺	😐	☹
8~9	네 자리 수에서 1000만큼 더 큰 수, 더 작은 수를 말할 수 있어요.	☺	😐	☹
10~11	0부터 거꾸로 세어 음수를 셀 수 있어요.	☺	😐	☹
12~13	네 자리 수의 자리와 자릿값을 알아요.	☺	😐	☹
14~15	눈금을 보고 길이, 무게, 들이를 어림할 수 있어요.	☺	😐	☹
16	10000까지 수의 크기를 비교할 수 있어요.	☺	😐	☹
17	10000까지의 수를 순서 지을 수 있어요.	☺	😐	☹
18~19	반올림하여 십의 자리, 백의 자리, 천의 자리까지 나타낼 수 있어요.	☺	😐	☹
20~21	자릿값과 수에 관한 사실을 이용하여 문제를 해결할 수 있어요.	☺	😐	☹
22~23	로마 숫자를 100까지 읽을 수 있어요(I부터 C까지).	☺	😐	☹
24~25	이산 자료와 연속 자료의 차이점을 설명할 수 있어요.	☺	😐	☹
26~27	그림그래프를 보고 문제를 해결할 수 있어요.	☺	😐	☹
28~29	막대그래프를 보고 문제를 해결할 수 있어요.	☺	😐	☹
30~31	꺾은선그래프를 보고 문제를 해결할 수 있어요.	☺	😐	☹

너는 어때?

정답

2쪽

1-1. 24, 30, 36   **1-2.** 42, 48, 54, 60, 66
2. 12, 24, 36, 48, 54, 66

3쪽

1-1. 28일, 35일, 42일
1-2. 35일, 42일, 49일, 56일, 63일
2. 28, 49, 63

4쪽

1-1. 27, 36, 45, 54   **1-2.** 63, 72, 81, 90, 99
2-1. 9, 18, 27, 36, 45   **2-2.** 54, 63, 72, 81, 90

5쪽

1. 100, 125, 150 / 325, 350, 375, 400, 425

2

415	400	420	450	475
475	425	450	475	500
515	495	475	500	550
500	505	525	525	575
650	600	575	550	600
675	625	605	650	675
700	650	675	700	725
725	700	705	675	750

다른 방법도 있어요.

6쪽

1-1. (오른쪽부터) 4000m, 5000m, 6000m
1-2. (오른쪽부터) 7000m, 8000m, 9000m
2. 700m, 2500m, 4400m, 5050m

7쪽

1-1. 12, 18, 24, 30, 36, 42, 49, 56
1-2. 42, 49, 56, 63, 72, 81, 90, 99
2-1. 50, 75, 100, 125, 150, 175, 200, 225
2-2. 2000, 3000, 4050, 4075

8~9쪽

1.

0	100	200	300	400	500	600	700	800	900
1000	1100	1200	1300	1400	1500	1600	1700	1800	1900
2000	2100	2200	2300	2400	2500	2600	2700	2800	2900
3000	3100	3200	3300	3400	3500	3600	3700	3800	3900
4000	4100	4200	4300	4400	4500	4600	4700	4800	4900
5000	5100	5200	5300	5400	5500	5600	5700	5800	5900
6000	6100	6200	6300	6400	6500	6600	6700	6800	6900
7000	7100	7200	7300	7400	7500	7600	7700	7800	7900
8000	8100	8200	8300	8400	8500	8600	8700	8800	8900
9000	9100	9200	9300	9400	9500	9600	9700	9800	9900

7100, 7900, 5600, 8500, 8300

2-1. 4249, 6249, 8249

(오른쪽)

2-2. 2734, 3734, 6734, 9734
2-3. 6215, 5215, 3215
2-4. 7703, 5703, 2703, 703
3-1. 1332   **3-2.** 3435

4.

6783		6803			
7783		6793	6693	6593	6493
8783	7783	6783			5493
9783		6773			4493
10783		6763			3493
		6753			

10~11쪽

1-1. −5, −8   **1-2.** −6, −9
1-3. −4, −10, −12, −14
2-1. −4, −8, −14, −18
2-2. −3, −9, −12, −18, −21, −27
2-3. −10, −15, −25, −35, −45
3-1. −2, −3, −4   **3-2.** −6, −7, −8
3-3. −13, −14, −15   **3-4.** −30, −31, −32
3-5. −2, −4, −6   **3-6.** −1, −3, −5
3-7. −4, −8, −12   **3-8.** −3, −6, −9
4-1. −6   **4-2.** −18   **4-3.** −10
5-1. −6   **5-2.** −16   **5-3.** −30   **5-4.** −48

12~13쪽

1. 3, 5, 8, 1, 3581
2-2. 2, 7, 6, 1
2-3. 7, 9, 0, 4
2-4. 9, 2, 7, 6
2-5. 4, 0, 0, 8
3-1. 3458   **3-2.** 8405   **3-3.** 3029   **3-4.** 6006
4-2. 5439 = **5000 + 400 + 30 + 9**
4-3. 1816 = 1000 + **800 + 10 + 6**
4-4. 4444 = **4000 + 400 + 40 + 4**
4-5. 1206 = **1000 + 200 + 6**
4-6. 3007 = **3000 + 7**

14~15쪽

1-1. 3   **1-2.** 6   **1-3.** 8   **1-4.** 9
2-1. 3   **2-2.** 4   **2-3.** 1   **2-4.** 4
3-1. 500   **3-2.** 800   **3-3.** 200   **3-4.** 900
3-5. 1500   **3-6.** 1800

16쪽

1-1. <, <   **1-2.** >, <, >
2-1. <   **2-2.** >   **2-3.** <
2-4. >   **2-5.** <   **2-6.** <
2-7. >   **2-8.** >   **2-9.** <

17쪽

1-1. 3876, 3865, 3776, 3767, 3598
1-2. 7504, 7502, 7450, 7405, 7355
2-1. 5347, 5374, 5437, 5473, 5534
2-2. 9499, 9589, 9595, 9608, 9698
3. 4873점, 4837점, 4783점, 4697점, 4378점

18~19쪽

1-2. 40/50 **1-3.** 70/80 **1-4.** 60/70
1-5. 90/100 **1-6.** 50/60
2-2. 100/200 **2-3.** 800/900 **2-4.** 900/1000
2-5. 300/400 **2-6.** 700/800
3-2. 4000/5000 **3-3.** 5000/6000
3-4. 9000/10000 **3-5.** 8000/9000
3-6. 3000/4000
4-1. 6230, 6200, 6000 **4-2.** 8590, 8600, 9000
4-3. 2260, 2300, 2000 **4-4.** 4050, 4000, 4000
5. 2350, 2440, 2300, 2340
  오름차순 2300, 2340, 2350, 2440
6-1. 3250 **6-2.** 8499
6-3. 645, 646, 647, 648, 649

20~21쪽

1-1. 18, 30, 60 **1-2.** 14, 28, 56
1-3. 27, 36, 90 **1-4.** 50, 125, 200
2-1. 8, 4, 0, −8, −12, −20, −24, −28
2-2. 15, 10, 5, 0, −5, −15, −20, −30
2-3. 18, 12, 0, −6, −12, −24, −30, −36
2-4. 24, 8, −8, −16, −24, −40, −56
3-1. A, E, B, D, C **3-2.** A, E, D, B, C
3-3. D, B, E, A, C
4-2. 65 **4-3.** 4499 **4-4.** 265부터 274

22~23쪽

1. 8 = VIII, 5 = V, 3 = III, 9 = IX, 4 = IV, 11 = XI
2. XV, XVII
  XXXII, XXXIV, XXXVIII, XL
  XLI, XLIV, XLVI, XLIX
  LXXIII, LXXVI, LXXVIII, LXXX
3-2. 10 **3-3.** 10 **3-4.** 13 **3-5.** 17
3-6. 24 **3-7.** 18 **3-8.** 15 **3-9.** 20
3-10. 9 **3-11.** 11 **3-12.** 4 **3-13.** 12
3-14. 9 **3-15.** 7
4-1. > **4-2.** = **4-3.** < **4-4.** >
4-5. < **4-6.** =
5-1. I, V, XII, XXI, XXXV
5-2. IV, XI, XIX, XXIX, XXXII
5-3. III, IX, XX, XXIV, XXXVI

24~25쪽

1-1. 이산 **1-2.** 연속 **1-3.** 이산 **1-4.** 연속
2. 연속, 이산, 이산, 연속
3. 예) 이산: 동물원에 있는 동물과 동물 수,
      이번 주에 읽은 책과 학생 수
    연속: 식물의 키와 날짜, 평균 기온과 월,
      몸무게와 아기의 나이

26~27쪽

1-1. 금요일 **1-2.** 화요일 **1-3.** 40컵, 45컵
1-4. 30컵 **1-5.** 15컵 **1-6.** 15컵
1-7. 25컵 **1-8.** 185컵 **1-9.** 화요일
2. 컵 4개 반, 컵 4개, 컵 6개, 컵 6개 반, 컵 9개, 컵 7개 반
2-1. 금요일 **2-2.** 화요일 **2-3.** 35컵 **2-4.** 45컵
2-5. 5컵 **2-6.** 50컵 **2-7.** 375컵 **2-8.** 금요일

28~29쪽

1-1. 32표 **1-2.** 테니스 **1-3.** 28명
1-4. 크리켓 **1-5.** 테니스 **1-6.** 16명
1-7. 18명 **1-8.** 174명

2.

2-1. 하키 **2-2.** 배드민턴 **2-3.** 16명
2-4. 4명 **2-5.** 8명 **2-6.** 8명 **2-7.** 200명

30~31쪽

1-1. ❶ 8 ❷ 11 ❸ 12 **1-2.** ❶ 4.5 ❷ 9 ❸ 13
1-3. ❶ 20 ❷ 40 ❸ 150

2.

2-1. ❶ 5.5 ❷ 9.5 ❸ 15.5 ❹ 2 ❺ 8 ❻ 14.5
2-2. ❶ 40 ❷ 75 ❸ 135

런런 옥스퍼드 수학

5-1 수와 그래프

초판 1쇄 발행 2022년 12월 6일
글·그림 옥스퍼드 대학교 출판부 **옮김** 상상오름
발행인 이재진 **편집장** 안경숙 **편집 관리** 윤정원 **편집 및 디자인** 상상오름
마케팅 정지운, 김미정, 신희용, 박현아, 박소현 **국제업무** 장민경, 오지나 **제작** 신홍섭
펴낸곳 (주)웅진씽크빅
주소 경기도 파주시 회동길 20 (우)10881
문의 031)956-7403(편집), 02)3670-1191, 031)956-7065, 7069(마케팅)
홈페이지 www.wjjunior.co.kr **블로그** wj_junior.blog.me **페이스북** facebook.com/wjbook
트위터 @wjbooks **인스타그램** @woongjin_junior
출판신고 1980년 3월 29일 제406-2007-00046호
원제 PROGRESS WITH OXFORD: MATH
한국어판 출판권 ⓒ(주)웅진씽크빅, 2022 **제조국** 대한민국

ISBN 978-89-01-26537-7
ISBN 978-89-01-26510-0 (세트)

잘못 만들어진 책은 바꾸어 드립니다.
주의 1. 책 모서리가 날카로워 다칠 수 있으니 사람을 향해 던지거나 떨어뜨리지 마십시오.
　　　2. 보관 시 직사광선이나 습기 찬 곳은 피해 주십시오.